L'HOROLOGIOGRAPHE
UNIVERSEL;
OU

METHODE générale, très-juste, courte & facile pour faire toute sorte de Montres solaires dans tout l'Univers :

POUR l'usage & la facilité des Compagnons Tailleurs de Pierre & Maçons, qui sont sur le tour de France; Ouvrage néantmoins utile & à la portée de toute sorte de personnes.

(1)

AVIS AU LECTEUR.

CEUX qui ne comprendront pas bien cet Ouvrage, pourront venir trouver l'Auteur, qui le leur expliquera, & dans six leçons, tout au plus, le leur fera parfaitement comprendre, & les mettra très-bien en état de pratiquer ce qui y est contenu. Ceux qui souhaiteront le venir trouver, pourront s'adresser chez le sieur Madourel, Maître Perruquier, rue Saint Nicolas-du-Chardonnet, à droite en entrant par la rue Saint Victor, vis-à-vis celle des Bernardins, près la Place Maubert.

L'HOROLOGIOGRAPHE

UNIVERSEL,

O U

MÉTHODE générale, très-juste, courte & facile pour faire toute sorte de Montres solaires dans tout l'Univers.

CHAPITRE PREMIER.

De l'Horologiographie en général.

L'HOROLOGIOGRAPHIE, qu'on nomme autrement Gnomonique, est une science, qui apprend à faire des Montres solaires, qui marquent les heures du jour, par le moyen du Soleil; ces Montres sont horisontales ou verticales; les horisontales sont celles qui sont paralleles à l'horison, ce qu'on appelle plus communément de niveau; les verticales sont

celles qui font perpendiculaires fur l'horifon, ou à plomb, telles font celles que
l'on fait fur les murailles. Il n'y a
qu'une forte de Montre horifontale, la
même fervant pour les quatre expofitions ;
fçavoir, Midi, Septentrion, Orient &
Occident ; mais quant aux verticales, il
y en a quatre différentes pour les quatre
expofitions, qui fe font par quatre ma-
nieres différentes. On appelle Montre
méridionale, celle qui eft au Midi ; feptentrionale, celle qui eft au Septentrion ;
on nomme auffi Montre orientale & occidentale, celles qui font à l'Orient &
à l'Occident. Les Montres verticales
peuvent n'être pas bien à plomb fur l'horifon, elles inclinent par ce moyen-là,
& penchent contre la terre, ou elles re-
clinent & penchent vers le ciel ; quant
aux méridionales & feptentrionales, elles peuvent n'être ni au vrai Midi, ni au
vrai Septentrion, & par conféquent décliner à l'Orient ou à l'Occident, elles
peuvent encore décliner & incliner, décliner & récliner, ce qui forme différentes
Montres, qui demandent chacune une
méthode particuliere pour les conftruire,
ce qui eft fort long & embarraffant, pour
les Ouvriers fur-tout, qui ont d'ailleurs
en tête une infinité d'articles qui concer-

nent leur art : nous donnerons pour leur facilité, une méthode générale, jufte, courte & facile pour faire toute forte de Montres dans tout l'Univers.

CHAPITRE II.

Trouver la Méridienne & la hauteur du Pole.

LA Méridienne eft une ligne qui va du Midi au Septentrion ; il y a plufieurs méthodes pour la trouver, nous donnerons la plus jufte & la plus facile que voici. Décrivez trois cercles concentriques fur une planche bien unie, tels que font les marqués 11, 22, 33, *fig.* 1 ; le plus grand d'environ huit ou neuf pouces, les autres à proportion ; au centre A plantez-y un ftyle bien à plomb, vous expoferez enfuite cette planche au Soleil, vous la placerez bien de niveau ; vous obferverez avant midi le moment que l'extrémité de l'ombre du ftyle tombera fur un de ces cercles, comme en B ; vous obferverez de même l'après midi où la même extrémité de l'ombre du ftyle tombera fur le même cercle, comme en C ; vous diviferez l'efpace B C en deux également au point D , puis vous tirerez une ligne droite par le point D & le centre A ; cette ligne fera la Méridienne.

La hauteur du Pole, & la latitude d'un lieu , en fait d'Horologiographie , font une même chofe, comme auffi la hauteur de l'Equateur & le complément du Pole ; la hauteur du Pole fert pour les Montres horifontales , & fon complément pour les verticales. Quand on veut conftruire une Montre , il faut fçavoir la hauteur du Pole de l'endroit où l'on eft, ou du plus proche ; il y en a plufieurs , & prefque tous ont recours aux tables qui font dans certains Livres , mais nous avertiffons qu'il y a des erreurs confidérables ; on peut cependant mieux , plus fûrement & facilement le fçavoir par quelqu'un du lieu où l'on eft : car il n'y a point d'endroit , pour petit qu'il foit , qu'il n'y ait quelqu'un qui fçache la latitude ; d'ailleurs étant fûr de la hauteur du Pole d'un endroit , on pourra fur la même hauteur faire des Montres folaires vingt lieues à la ronde , fans qu'il y ait une erreur confidérable : il eft vrai que plus jufte l'on aura la hauteur du Pole , ou fon complément, meilleure auffi fera la Montre.

Après avoir donc fçu la hauteur du

Pole, on pourra facilement la prendre &
son complément aussi, & s'en servir pour
faire une Montre solaire. Ayez pour cela
un quart de cercle, comme le marqué
DEF, qui est gravé sur la figure ABC,
qui est un instrument qui sert de niveau & d'équerre ; vous pourrez avoir un
quart de cercle en cette façon. Décrivez
avec un compas un arc de cercle, ensuite vous porterez sur cet arc une ouverture & demie du compas avec lequel
vous l'avez décrit, ensuite par le point où
vous avez appuyé le compas pour faire
cet arc, comme le marqué D, *fig.* 2, &
les deux autres points qui contiennent
l'ouverture & demie du compas, comme
les marqués EF ; tirez les lignes DE,
DF, & vous aurez le quart de cercle
DEF, *fig.* 2 ; vous diviserez sa ligne
courbe EF en neuf parties égales, qui
formeront des dixaines, que vous sou-divi-
serez en dix, qui feront quatre-vingt-dix
parties ou degrés, qui est la hauteur entiere du Pole : on divise encore chaque
degré en soixante minutes, mais dans la
pratique, on peut prendre par quart ;
sçavoir, un quart pour quinze minutes,
deux quarts pour trente, & trois pour
quarante-cinq. Par le moyen de ce quart
de cercle, qui doit avoir environ cinq

pouces de D à E, & de D à F, on pourra prendre facilement toutes les hauteurs & complémens de Pole qu'on voudra, ainsi que nous l'allons enseigner.

Si vous voulez prendre, par exemple, la hauteur du Pole de Paris, qui est quarante-huit degrés quarante-cinq minutes, autrement quarante-huit degrés trois quarts, ou environ quarante-neuf; ayez un compas, mettez une pointe en D centre du quart de cercle DEF, *fig.* 2, allongez l'autre jusqu'à l'extrémité de E, tirez la ligne A C, *fig.* 3, & avec l'ouverture du compas, mettant une pointe en C, décrivez avec l'autre l'arc E F, *fig.* 3; prenez ensuite quarante-huit degrés trois quarts, ou environ quarante-neuf, sur le quart de cercle, *fig.* 2, mettant une pointe du compas à l'extrémité de E, & allongeant l'autre jusqu'en G, *fig.* 2, qui est quarante-huit degrés trois quarts, portez ensuite cette ouverture sur l'arc E F, *fig.* 3, que vous terminerez en D par ladite ouverture de compas; par les points D & C, vous tirerez la ligne B D C, & de B vous abaisserez une perpendiculaire sur A, au moyen de quoi vous aurez la hauteur du Pole, & en même-tems un style tout fait pour une Montre horisontale; mais si vous voulez avoir le complément du Pole, prenez ce qui eſt en-delà de la hauteur, depuis G juſqu'à F, *fig.* 2, ou ôtez la hauteur du Pole du lieu, de quatre-vingt-dix degrés, hauteur entiere, le reſtant ſera le complément ; par exemple, à Paris la hauteur du Pole eſt quarante-huit degrés quarante-cinq minutes, qui ôtés de quatre-vingt-dix, reſte quarante-un degrés quinze minutes, que vous pourrez prendre ſur le quart de cercle, & les porter ſur un arc que vous aurez fait avant, ainſi que nous l'avons enſeigné ci-deſſus pour la hauteur du Pole. Après ce que nous venons de dire de la hauteur du Pole de Paris, & de ſon complément, on pourra prendre facilement toute ſorte de hauteurs & complémens de Pole.

CHAPITRE III.

De la conſtruction d'une Montre horiſontale.

DE toutes les méthodes que l'on a inventées juſqu'à préſent pour conſtruire une Montre ſolaire horiſontale, celle que nous allons donner, eſt la plus belle, la plus générale, la plus juſte, la plus

courte & la plus facile. 1°. Tirez la ligne
AB, *fig.* 4, qui fera la ligne de fix heures avant & après midi, tirez-y enfuite
au milieu la perpendiculaire CD, qui
fera la ligne de Midi, du point C, milieu
de la ligne AB, décrivez le demi cercle
ADB, de la grandeur du quart de cercle, *fig.* 2, divifez ce demi cercle en
douze parties égales, & par les points
oppofés de cette divifion, tirez des lignes paralleles à AB qui couperont la
ligne méridienne CD, aux points FG
HIK. 2°. Prenez la hauteur du Pole,
par exemple pour Paris, comme nous
l'avons enfeigné ci-devant, chap. 2;
portez cette hauteur du Pole du point D
où la méridienne coupe le demi cercle;
fur ce même demi cercle, qui ira jufqu'à
E, tirez la ligne CE qui repréfente la
hauteur du ftyle, ou le ftyle même;
tirez enfuite fur la ligne CE par les
points FGHIK, où les paralleles coupent la Méridienne, les perpendiculaires
FL, GM, HN, IO, KP. 3°. Por-
tez la longueur FL de K en Q de part
& d'autre de la Méridienne, la longueur
GM de I en RR, la diftance HN de H
en SS, l'efpace IO de G en TT, &
enfin celle de KP de F en VV, puis
du point C, comme centre, par tous

les points Q Q, R R, S S, T T, V V,
où les longueurs des perpendiculaires
coupent les paralleles , tirez des lignes
qui feront celles des heures auxquelles
vous appliquerez les chiffres , comme on
le voit en la *fig.* 4. Comme cette Montre ne marque que douze heures , favoir
fix avant & après midi , on aura quatre
& cinq du matin en prolongeant au delà
du centre C les lignes de quatre & cinq
du foir , on aura pareillement fept &
huit du foir en prolongeant au-delà du
même centre C , celles de fept & huit du
matin ; fi on defire que la Montre marque les demies , on pourra les avoir facilement , en divifant en deux les divifions
du demi cercle qui font déja faites , ti-
rant d'autres paralleles à A B , par les
points oppofés de cette feconde divifion ,
& par les points où les fecondes paralleles
auront coupé la Méridienne C D , tirez
d'autres perpendiculaires fur C E , que
vous porterez comme ci-devant fur les
nouvelles paralleles , fçavoir en cet or-
dre : la perpendiculaire la plus courte ,
ou la plus proche du point C , fur la
parallele la plus courte ou la plus proche du point D , ainfi des autres fuccef-
fivement , les plus longues fur les plus
longues : le ftyle C E doit être élevé à

A vj

plomb fur D, de la hauteur du Pole DE. En obfervant bien ce que nous venons de dire, on aura une Montre horifontale parfaite , marquant les heures & les demi-heures.

CHAPITRE IV.

De la conſtruction de toute ſorte de Montres verticales , méridionales & ſeptentrionales.

LA méthode que nous allons donner, pour la conſtruction des Montres verticales , méridionales & ſeptentrionales , eſt auſſi générale , belle , juſte , courte & facile, que celle dont nous avons parlé dans le Chapitre précédent pour les Montres horifontales ; elle eſt même d'un plus grand fecours en fon genre, attendu qu'on conſtruit également, & fans plus de peine, les Montres déclinantes, les inclinées , les réclinées , les inclinées & déclinantes, & les déclinantes & réclinées , que celles qui font bien perpendiculaires ou à plomb, au vrai Midi & au vrai Septentrion. Comme notre deſſein eſt d'abréger & de faciliter, nous ne nous arrêtons pas à faire voir les inconvéniens des autres méthodes par un long diſcours, pour établir par-là celle que nous donnons ; ce ſeroit la peine perdue, & plus même que perdue, car bien loin d'éclaircir & de faciliter, comme nous nous le ſommes propoſé, nous rendrions cet abrégé obſcur & ennuyeux ; nous nous contenterons ſeulement de dire en paſſant, que l'uſage du déclinatoire & de la bouſſolle, dont ſe ſervent ordinairement tous les Ouvriers, ſont ſujets à des erreurs conſidérables, à cauſe des variations de l'aiguille aimantée, & de pluſieurs autres raiſons qu'il ſeroit trop long de rapporter ; ceux-là même qui s'en ſervent ſe trompent journellement ; c'eſt pourquoi, pour prévenir tous les inconvéniens, & opérer juſte, nous allons donner & démontrer cette méthode générale, juſte, courte & facile pour faire toute ſorte de Montres ſolaires dans tout l'Univers ; cette méthode eſt à la vérité ſi belle, qu'on peut avec raiſon l'appeller la méthode incomparable.

Pour conſtruire une Montre verticale, méridionale, faites ſur une planche de bon bois bien ſec, de la longueur d'environ quinze pouces, douze de largeur & un d'épaiſſeur, une Montre horiſontale, par la méthode que nous avons donnée chapitre 3 ; ayant donc fait cette Montre horifontale fur la planche , comme la marquée 1 , 2 , 3 , 4 , *fig.* 4 , vous y mettrez un ftyle de bois ou de cuivre , comme le marqué A B C , *fig.* 3 ; vous mettrez fon extrémité C au point ou centre C de l'horifontale , *fig.* 4 , enchafferez fes deux tenons E F , *fig.* 3 , dans deux trous qui feront le long de la Méridienne C D , *fig.* 4 ; vous attacherez deux fils au centre C , *fig.* 4 : cet horifontal ainfi difpofé fervira d'inftrument pour conftruire avec facilité & jufteffe toute forte de Montres verticales , méridionales & feptentrionales , il pourra même fervir pour en conftruire vingt lieues à la ronde de l'endroit , à la hauteur du Pole duquel il a été fait , fans qu'à la Montre il y ait une erreur confidérable.

Il faut obferver que fi les Montres , tant méridionales que feptentrionales , déclinent après avoir tiré la perpendiculaire & l'horifontale à niveau du cadran de bois , il ne faut pas tirer l'horifontale pour avoir fix heures , qu'on aura en prolongeant le fil fur fix heures du cadran de bois jufqu'à la muraille , la pratique mettra bientôt au fait là-deffus. On connoîtra facilement fi une muraille eft au vrai Midi ou Septentrion, ou fi elle décline, en y mettant auprès fur une table, comme nous avons déja dit, un cadran de bois bien de niveau, & y faifant marquer l'heure qu'il eft ; fi le cadran marquant l'heure eft parallele à la muraille, c'eft-à-dire, fi fon côté qui lui fait face en eft en égale diftance, c'eft une marque que la muraille ne décline pas, mais fi la diftance n'eft pas égale, ou fi elle n'eft pas parallele, elle décline.

Il faut faire un échafaud au mur contre lequel on veut faire une Montre folaire, pofez-y deffus une table ferme, fur laquelle vous mettrez le Cadran bien horifontal, au moyen d'un bon niveau, comme le marqué A B C, *fig.* 2, enfuite tournez le Cadran, ou Montre horifontale, faite fur la planche, de forte qu'elle marque l'heure jufte qu'il eft, au moyen d'une bonne Montre bien réglée que vous aurez : fi vous n'avez pas la facilité d'avoir une Montre, comme il peut arriver fouvent, prenez la ligne méridionale comme nous l'avons enfeigné chapitre 2, & mettez un des côtés 1, 4, ou 2, 3 du Cadran ou Montre horifontale, *fig.* 4, le long de la Méridienne, alors vous aurez fans Montre la véritable heure ; le

Cadran horifontal étant ainfi placé, vous l'arrêterez bien ferme fur la table, enforte qu'il ne puiffe fe déranger ; pour ce qui eft de la diftance qu'il doit y avoir du Cadran horifontal au mur contre lequel on veut faire la Montre, elle eft purement arbitraire, mais communément on peut le mettre à douze pouces plus ou moins fi on veut : le tout étant donc ainfi difpofé, prenez un des fils du centre C, que vous menerez jufte le long du ftyle CB, *fig.* 3, enforte qu'il ne fe dérange, ni à droite, ni à gauche, ni en élevant, ni en baiffant, vous le prolongerez jufqu'à ce qu'il rencontre le mur 1, 2, 3, 4, *fig.* 5, & vous l'y attacherez avec un clou au centre ou point C; de ce point C, *fig.* 5, où vous aurez attaché le fil, tirez la perpendiculaire ou ligne à plomb ECD, que vous couperez au point C par une ligne horifontale ou de niveau AB, toujours *fig.* 5, & cette ligne AB marquera les fix heures du matin & du foir; tirez auffi une autre horifontale de niveau avec le Cadran de bois, comme la ligne 1, 2, laquelle ligne doit être fort longue, prenez enfuite l'autre fil du centre C, *fig.* 3 & 4, que vous prolongerez le long des lignes des heures & des demies du Cadran horifontal , *fig.* 4, les unes après les autres, fans s'en écarter foit à gauche, foit à droite, foit en haut, foit en bas, & cela jufqu'à la rencontre de la ligne horifontale 1 , 2 du mur, *fig.* 5, où vous ferez un point ; chacun de ces points repréfentera fur le mur , la même heure que la ligne du Cadran qui a été prolongée ; toutes ces lignes étant ainfi prolongées & les points marqués de tout côté ,vous tirerez par ces points & le point ou centre C , *fig.* 5 , des lignes, qui feront celles des heures & des demies , pour avoir fept & huit heures du foir , vous prolongerez les lignes de fept & huit du matin en delà du centre C , vous aurez aufli quatre & cinq du matin en prolongeant au-delà du même centre C , les lignes de quatre & cinq du foir, vous prolongerez également les lignes des demies ; pour ftyle , vous enfoncerez folidement au point C , *fig.* 5 , une broche de fer en la place du fil tendu , enforte qu'elle en tienne parfaitement la place ; telle eft la marquée CHF, qui eft foutenue par GH, qui eft une autre broche de fer enfoncée dans le mur au point G, & ajuftée folidement avec l'autre au point H. Vous pourrez donner à la Montre la figure que vous voudrez , ronde , quar-

rée, ovale, triangulaire, & vous terminerez les lignes horaires à la ligne de la
figure qui renfermera la Montre : quant
aux demies, vous ne tirerez pas des lignes comme aux heures, vous les mar-
querez feulement avec un treffle ou autre figure que vous voudrez, vous mar-
querez auffi les heures ; & le tout étant
ainfi exécuté, vous aurez une Montre
verticale, méridionale parfaite.

Pour ce qui eft de la conftruction des
Montres feptentrionales, elle eft toute oppofée des méridionales ; après ce que nous
avons dit de celles-ci, & ce que nous allons ajouter des feptentrionales, on pourra
les conftruire facilement. Ayant préparé
une table fur un échafaud, comme pour
la Montre méridionale, vous y appliquerez le Cadran de bois bien de niveau,
auquel vous ferez marquer l'heure qu'il
eft ; vous attacherez un fil en B extrémité du ftyle, & l'autre en C qui eft le
centre ; vous prolongerez le fil le long
du ftyle B C, en baiffant contre la muraille, fans le déranger jufqu'au point C
de la muraille 1, 2, 3, 4, *fig.* 6 ; par
ce point C, vous abaifferez & éleverez la
perpendiculaire D C E, que vous couperez en C par la ligne horifontale A B,
qui fera la ligne de fix heures du matin

& du foir ; vous tirerez une autre horifontale 5 , 6 de niveau avec le Cadran
de bois ; prenez enfuite l'autre fil qui eft
attaché en C , au Cadran horifontal , &
vous le prolongerez le long de 4 & 5
du matin , 7 & 8 du foir , qui donne-
ront les mêmes fur la muraille ; vous aurez 7 & 8 du matin en prolongeant 7 &
8 du foir , comme auffi 4 & 5 du foir en
prolongeant 4 & 5 du foir , vous aurez
de la même façon les demies ; vous mettrez enfuite une broche de fer qui tienne
parfaitement la place du fil B C , vous
l'enfoncerez folidement dans la muraille
au point C , *fig.* 6 ; vous en placerez un
autre au point G , qui foutiendra la marquée ou le ftyle C H F , par le point H ,
de façon qu'elle ne puiffe pas remuer ;
les Montres feptentrionales ne marquent,
tout au plus, que les heures qui font à
la *fig.* 6. Pour pouvoir conftruire ces
Montres, le Cadran de bois, *fig.* 4 , de
C en X , doit être percé à jour , afin que
le fil puiffe aller au mur ; cette ouverture doit avoir environ un demi pouce de
largeur.

CHAPITRE V.

De la construction des Montres verticales, orientales & occidentales.

Pour construire la Montre orientale, *fig.* 7, tirez la ligne A B, parallele à l'horison ou de niveau; du point C, faites l'arc A D, sur lequel vous porterez jusqu'à E le complément du Pole que vous prendrez, comme nous avons enseigné, chap. 2 ; par E & le point C, vous tirerez la ligne E C F , vous tirerez aussi sur E F , la perpendiculaire G Q, qui coupe E F au point C, cette perpendiculaire sera la ligne de six heures; ayant ensuite mis une pointe du compas sur C, & ouvert l'autre à volonté sur la ligne de six heures en haut comme en G , décrivez le quart de cercle C H, que vous diviserez en six parties égales : il faut observer que pour avoir un quart de cercle, il faut poser sur l'arc en allant de C en H une ouverture & demie du compas avec lequel on l'a décrit; ce quart de cercle ainsi divisé par le centre G & les divisions, tirez sur E F les lignes G I, G K, G L, G M, G N, qui feront

7, 8, 9, 10 & 11 heures du matin ;
pour avoir 4 & 5, portez CI, CK fur
CE, vous aurez les demies, en divifant
en deux les premieres divifions du quart
de cercle ; & par ces nouvelles divifions
& le centre G, tirez d'autres lignes fur
ECF, tirez enfuite les paralleles OO,
PP, également diftantes de EF, qui
couperont la ligne de fix heures aux
points G & Q ; portez de G en O &
de Q en P, de part & d'autre, les efpa-
ces qui font fur ECF, & par ces points
vous tirerez des paralleles à la ligne de
fix heures, vous placerez le ftyle perpendiculaire au point C, & parallele à
l'horifon, ou de niveau ; vous donnerez
au ftyle pour longueur, l'efpace CG, ou
l'ouverture du compas qui a décri le quart
de cercle CH ; vous renfermerez enfuite la Montre dans la figure que vous
voudrez, comme nous avons déja dit,
faifant venir les paralleles au bord de la
ligne de la figure qui renfermera la Montre ; pour ce qui eft des lignes ponctuées,
elles fervent feulement pour aider à la
conftruction, & après on peut les effacer :
nous allons terminer cet abrégé par la
Montre occidentale.

Comme la conftruction de la Montre
feptentrionale eft l'oppofée de la mé-

ridionale, ainsi l'occidentale de l'orientale ; on ne fait que changer la position des opérations, pour les faire d'une maniere toute contraire ; par exemple, au lieu de prendre sur A B, *fig.* 7, l'arc A D à l'extrémité de la ligne A B du côté A, ou à gauche en regardant le mur, on prend sur la lig. A B *fig.* 8, l'arc B D à l'extrémité de la ligne A B, du côté B, ou à droite en regardant le mur ; tout le reste se pratique comme ci-dessus à l'orientale, on ne fait seulement que changer les heures qui sont depuis une jusqu'à huit après midi ; au lieu qu'à l'orientale, c'est depuis quatre jusqu'à onze du matin. Nous pensons que par le moyen de ce petit Ouvrage, toute sorte de personnes pourront facilement, & en peu de tems, se bien mettre en état de faire de belles & bonnes Montres solaires dans tout l'Univers.

F I N.

Lû & approuvé. A Paris, ce 23 Avril 1768.
De la Lande.

Vû l'approbation, permis d'imprimer. Ce 15 Avril 1768. DE SARTINE.

De l'Imprimerie de Chardon, 1768.

1
2

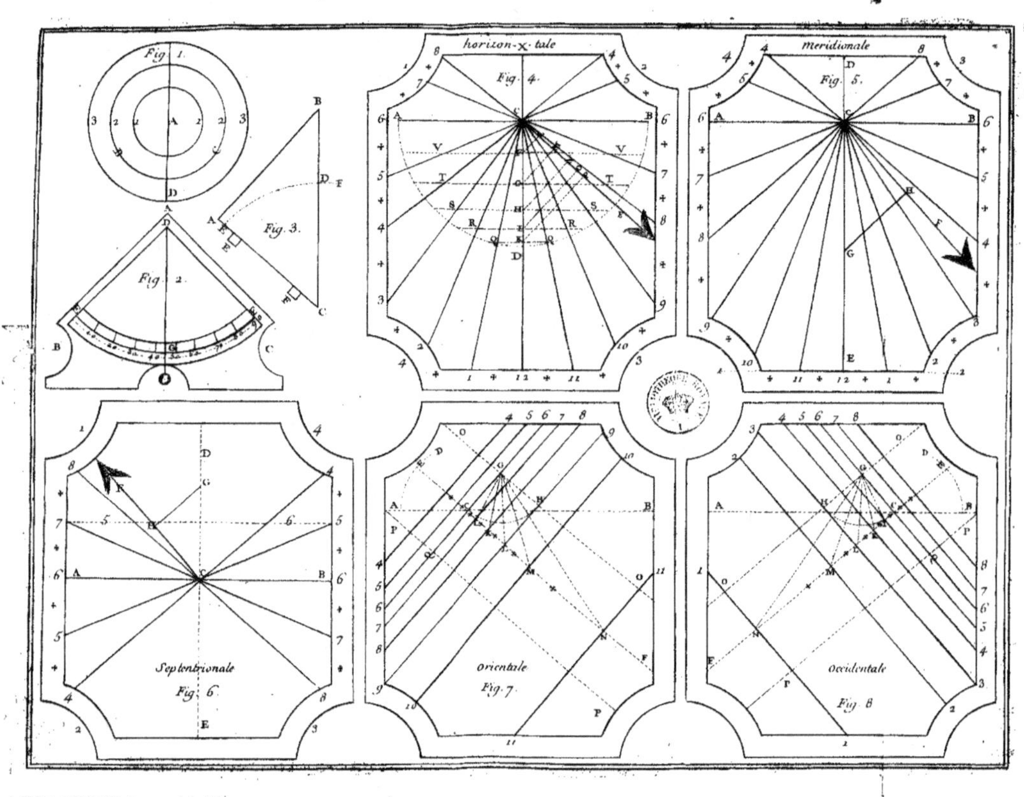

Fig. 1.
Fig. 2.
Fig. 3.
horizon · X · tale
Fig. 4.
meridionale
Fig. 5.
Septentrionale
Fig. 6.
Orientale
Fig. 7.
Occidentale
Fig. 8.

www.ingramcontent.com/pod-product-compliance
Lightning Source LLC
LaVergne TN
LVHW012120170726
843501LV00008BC/2940